Bibliografische Information der Deutschen Nationalbibliothek:

Die Deutsche Bibliothek verzeichnet diese Publikation in der Deutschen National-
bibliografie; detaillierte bibliografische Daten sind im Internet über http://dnb.d-
nb.de/ abrufbar.

Impressum:

Copyright © 2017 GRIN Verlag, Open Publishing GmbH
Druck und Bindung: Books on Demand GmbH, Norderstedt Germany
ISBN: 9783668383098

Dieses Buch bei GRIN:

http://www.grin.com/de/e-book/352185/die-buckingham-similaritaet-und-superfor-
mance-von-surfboardfinnen

Michael Dienst

Die Buckingham-Similarität und Superformance von Surfboardfinnen

The Buckingham-Law of Similarity and Superformance of Surf Fins

GRIN Verlag

DIE BUCKINGHAM SIMILARITÄT UND SUPERFORMANCE VON SURFBOARDFINNEN

The Buckingham- Law of Similarity and Superformance of Surf fins

Mi. Dienst, Berlin im Januar 2017

Zusammenfassung.
Innovationen die aus der Analyse biologischer Systeme stammen, können Downsizing-Kampagen auslösen. Ein Ziel sei die gestalterische Einflussnahme auf technische Parameter einer Konstruktion bei gleicher Leistungsfähigkeit des Systems. Oftmals verändern sich auch andere geometrische, funktionale und Prozess-führungsgrößen in eine positive Richtung. Im Folgenden ist das Mittelhandknochensystem der Wirbeltiere Vorbild für einen belastungsadaptiven artifiziellen Tragflügel für Surfboardfinnen mit intelligenter Mechanik. Die Leistungscharakteristik verbessert sich, die Geometrie in einem zukünftigen Entwurf fällt kompakter aus, Geometriereduktion, Elastizität und Kompaktheit führen auf ein extrem robustes, regenerationsfähiges und damit resilientes Tragflügelsystem. Der Aufsatz stellt ein Similaritätenmodell vor, das aus der Ähnlich-keitstheorie stammt und die Dimensionsanalyse der zu untersuchenden physikalischen Größe nutzt. Das Buckingham`sche π-Theorem ist der paradigmatische Kern dieses Downsizing-Konzepts. Es wird nachfolgend angewendet auf Gestaltoptimierung einer standardisierten Surfboardfinne und es kommen numerische Me-thoden zur Simulation der Strömungswirklichkeit der Finne zum Einsatz. Arbeitsergebnis ist ein Tragflügel-system, das den Kriterien des „SuPerformings" genügt.

Abstract.
Innovations derived from the analysis of biological systems can trigger downsizing campaigns. One goal is the design influence on technical parameters of a construction with the same performance of the system. Often, other geometric, functional and process control variables also change in a positive direction. In the following, the middle-hand bone system of the vertebrate is a model for load-adaptive artificial wings for surfboard fins with intelligent mechanics. The performance characteristics are improved, the geometry in a future design is more compact, geometry reduction, elasticity and compactness lead to an extremely robust, regenerative and therefore resilient wing system. The paper presents a similarity model, which is derived from the similarity theory and uses the dimensional analysis of the physical quantity to be examined. The Buckinghamian π-Theorem is the paradigmatic core of this downsizing concept. It is subsequently applied to the shape optimization of a standardized surfboard Fin and numerical methods are used to simulate the flow properties of that fin. The result is an airfoil system which satisfies the criteria of "SuPerforming".

Keywords: bionics, downsizing, surfboard fin, similarity model, Buckingham-Theorem, numerical methods

INTRO

Beim Manövrieren von See- und Luftfahrzeugen kommt der Intensität und Weise der Kraftent-faltung der Steuertragflächen eine besondere Bedeutung zu. Tradierte passive Manövrier- Leit- und Steuertragflächen stehen heute in unmittel-barer Konkurrenz zu kraftbetriebenen Bug- und Heckstrahlern, beweglichen Propellern, Voith-Antrieben[1] und Kort-Düsen[2], die immer häufiger

---

[1] Beim **Voith-Schneider Propeller** (VSP) kann der Schub in Stärke und Richtung beliebig eingestellt werden. Dazu rotiert am Schiffsboden eine kreisförmige Scheibe, an

bei Binnenschiffen und Schleppern aber auch im Yachtbereich eingesetzt werden und deren Wirkungsgrade vergleichsweise hoch sind. Moderne Pylonpropeller sind drehbar gelagert, können direkt als Ruder verwendet werden und lösen damit im kommerziellen und Wirtschaftsbereich nach und nach die klassischen passiven Leit- und Steuertragflächen ab. So der Trend. Tragflügelsysteme sind immer dort im Nachteil, wo die Anströmsituation nur geringe Fluidgeschwindigkeiten zulässt. Dies ist insbesondere beim Traktieren im Hafen der Fall und bei jenen Manövern, die mit geringen (relativen) Schiffsgeschwindigkeiten gefahren werden. In Fahrt und bei Geschwindigkeiten über 5 kn ändert sich die Situation hin zu einer vorteilhaften Strömungswirklichkeit der klassischen Leit- und Steuertragfläche. Im Gegensatz zum Drehpropeller und zur Manteldüse besitzt die Rudertragfläche (natürlich) keinen eigenen Antrieb; der strukturelle und der bauliche Aufwand einer klassischen Leit- und Steuertragfläche ist gering und die Energiebilanz des Gesamtsystems vorbildlich. Tradierte, passive Tragflügelsysteme konstruktiv mit innovativen Gestaltlösungen aus der belebten Natur zu verschränken mit dem Ziel die Performance des Gesamtsystems zu verbessern, ist ein Motiv unserer Bionik-Forschung und Gegenstand dieses Aufsatzes.

Die BIONIC RESEARCH UNIT[3] der Beuth Hochschule für Technik Berlin ist seit Ihrer Gründung im Jahre 2004 in zahlreichen Forschungsprojekten auf dem Gebiet anwendungsorientierten Fluidmechanik erfolgreich. Gemeinsam mit industriellen Forschungspartnern haben wir in der Vergangenheit strömungsadaptive Leit- und Steuertragflächen für Seefahrzeuge nach dem Vorbild der belebten Natur entwickelt. Aus heutiger Sicht und im Rückblick auf mehr als zehn Jahre intensiver Bionikforschung kristallisiert sich eindeutig ein Themenschwerpunkt heraus: Die Vorhaben der BIONIC RESEARCH UNIT behandelten primär

Fragen zur so genannten „Intelligenten Mechanik" in Natur und Technik.

Anfangs wurden biologistischen Hintergründe der Konzepte geklärt, an der Wirkungsweise von Fischflossen die prinzipielle Lösung für ein autoadaptive Tragflächen herausgearbeitet und erste intelligente Kinematiken entworfen (Forschungsprojekt „FlowBow"/Laufzeit 09/2004 bis 08/2005 (Mirtsch 2005)), die numerische Grundlagen erarbeitet (Forschungsprojekt „i-mech,", Laufzeit 10/2007 bis 04/2008 (Krebber 2008)) und einfache Systeme mit Fluid-Struktur-Wechselwirkung untersucht (Forschungsprojekt „Bionics and Morphological Computation (BMC)", Laufzeit 09/2008 bis 02/2010 (Sievert 2010)). Im Rahmen des Kooperationsprojektes „Hochschulbasierte Weiterbildung in Betrieben" wurden numerische Verfahren der Simulation strömungsadaptiver Profile weiterentwickelt (Forschungsprojekt „i-mech3", Laufzeit seit 02/2011 bis 08/2013 (Voss 2012), (Voss-2013), (Bagaric 2011)) und in einem weiteren Forschungsprojekt auf Repellertragflächen für Wellsturbinen angewendet (Forschungs-projekt „AdaptivFoil" Laufzeit 05/2012 bis 10/2013 (Ost 2013)). Ein weiteres inzwischen abgeschlossenes Kooperations-Forschungsprojekt mit der Technischen Universität Berlin (Forschungsprojekt „FinTec"/ Laufzeit seit 10/2013) behandelte im Rahmen einer von der BeuthHS geführten kooperativen Promotion den Einsatz intelligenter Mechanik in Nachleitapparaten von Strömungskraftmaschinen. In einer rezenten Industriekooperation mit dem Germanischen Lloid DNV-GL, erforschen wir den Wellenwiderstand modellierter, biologischer Halbtaucher mit potentialtheoretischen Methoden (Forschungsprojekt „Into FS-Flow"/ Laufzeit seit 3/2014). Allen genannten Projekten ist als übergeordnetes Ziel die Klärung des Beaufschlagungs-Verformungsgebarens intelligenter Kinematiken in der Biologie und die Fluid-Struktur-Wechselwirkung strömungsbeaufschlagter technischer Systeme gemein. Im Zuge der Forschung zur „intelligenten Mechanik" biologischer und technischer Systeme wurden seit 2004 zahlreiche Erfindungen (gemäß ArbnErfG) angezeigt und einige davon als Patente oder Gebrauchsmuster angemeldet. Das Deutsche Patent PTC/DE2010/ 075164, das Europäische Patent EP:10809144.8, das US Patent US-Pat.13/517,181 und das Internationale Patent WO: PCT/DE2010 /075164, IPC: B63H(2012.01) beschreiben die Gestaltungsprinzipien belastungsadaptiv ausgeführter Bauteile (Dienst 2012). Das Gebrauchsmuster GM 20 2009 008 234.2, IPC F01D 5/28 (Dienst 2009) hat adaptive kinematische Segmente für bewegliche Statorschaufeln von Vorleitapparaten in Strömungsmaschinen zum Inhalt und erweist sich

---

der senkrecht bewegliche und steuerbare Flügelblätter angebracht sind. Die Drehzahl der Scheibe bestimmt die Kraft des Schubs, die Stellung der Flügel die Richtung. Ein perfekter Antrieb, um auch bei schwierigen Bedingungen exakt manövrieren zu können.

[2] Die **Kortdüse** ist ein konisch zulaufender, tragflügelähnlich profilierter Ring, der den Propeller eines Schiffes umgibt und in den 1930er Jahren von dem italienischen Luftfahrtingenieur Luigi Stipa und dem deutschen Schiffbauingenieur Ludwig Kort entwickelt wurde.

[3] Die **BIONIC RESEATCH UNIT** ist eine forschungsbezogene Fachgruppe für Bionik an der Beuth Hochschule für Technik zu Berlin. http://projekt.beuth-hochschule.de/bru/

derzeit als richtungsweisend für die Kooperation im oben benanntem Promotionsvorhaben an der Technischen Universität Berlin. Das Gebrauchsmuster GM 20 2010 003 723.9, IPC A61F 5/02 ist eine biomedizinische Anwendung für belastungsadaptive, flexible Bauelemente zur Integration in medizinischen Orthesen (Dienst 2010). Einige der Aufsätze, Veröffentlichungen und Anmeldungen der BIONIC RESEARCH UNIT erwiesen sich in der Vergangenheit als fachübergreifend relevant für die Forschung anderer Institute.

CARPO

Innovationen auf dem Gebiet der passiven Tragflügelsysteme, die zum Manövrieren verwendet werden, betrachten wir derzeit mit besonderer Aufmerksamkeit.

Das rezente Vorhaben CARPO behandelt das Thema "intelligente Mechanik" (i-mech) für Strömungsbauteile in der maritimen Technik der Zukunft und klärt grundlegend Mechanismen der Biomechanik, speziell der räumlichen belastungsadaptiven Beweglichkeit der Komplexkinematiken biologischer Gelenke und hier im Besonderen die Mittelhandknochen der Vertebraten (Carpus) mit Methoden leistungsfähiger Simulationsverfahren.

Eine Vielzahl von Gelenken rezenter Wirbeltierskelette, wie beispielsweise die Mittelhandknochen und die Ellenbogengelenke, bilden komplexe, mehrachsig, räumlich wirksame Getriebesysteme aus. Das Handgelenk rezenter Lebewesen und dessen evolutionsbiologisch relevante Frühstadien, die als Fossilen vorliegen, können als biologisches Vorbild für eine vierachsige (technische) Kinematik dienen. Das kinematische Wirkprinzip dieser technischen Vierachsen- Scharnier- Kinematik ist das dreidimensional-räumlich-verbundener, zwangsbewegter Klappen, deren Scharnier-Drehachsen einen gemeinsamen Schnittpunkt besitzen. Je nach Zuordnung der Freiheitsgrade, jener im Sinne einer kinematischen Kette ein räumliches Getriebe bildenden Scharniere, stellen die zwangskinematischen dreidimensionalen Winkelbewegungen der Plattenebenen des kinematischen Systems ein Untersetzung- oder eine Übersetzung dar. Bei mechanischer Beaufschlagung bilden die beschriebenen Gelenkplattenkinematiken abhängig von der Anordnung der Gelenk- und Fixationsebenen (Knick-) Gewölbeformen aus. Prinzipiell sind Gelenkplattenkinematiken formalanalytisch schematisierbar und können Grundlage sein für synthetische, dreidimensionale getriebetopolgische Konzepte.

Profilsegmente mit Fluid-Struktur-Wechselwirkung stellen einen wichtigen Teilaspekt in der CARPO-Forschung dar. Er betrifft die Modellierung, die Simulation und die Analyse der Umströmung von Profilkörpern vom Typ: „gewölbte Platte" und „geknickte Platte" in einem variablen Strömungsfeld. Als Simulationsprogramme werden potentialtheoretische Löser, klassische CFD-Verfahren und auch gitterlose Verfahren (SPH) eingesetzt. Arbeitspakete sind die systematische Variation, Modellierung (2D) und strömungsmechanische Berechnung einer Serie von parametrisierbaren Gelenkplattenprofilen und Wölbplattenprofilen hinsichtlich Auftrieb und Widerstand mit Programmsystemen zur Berechnung des Strömungsgebietes (Computational Fluid Dynamics, CFD) und die Erarbeitung eines Handbuches „Profilkatalog für Wölb- und Gelenkplattentragflügel".

Den Kern der Forschung bilden Tragflügel für autoadaptive Leit- und Steuerflächen von Seefahrzeugen, insbesondere Surfboardfinnen, die aufgrund einer neuartigen "intelligenten Flügelwurzelkinematik (CARPO) in der Lage sind, sich selbstständig der Strömung anzuformen. Mit den Projekte streben der Industriepartner (FutureShip GmbH / Germanischer Lloyd) als namhafter Entwickler maritimer Simulationssoftware und Zertifizierer von Schiffen und Strömungsbauteilen und wir die Entwicklung autoadaptiver Leit- und Steuerflächen, Berechnungs- und Optimierungsgrundlagen an. Arbeitspakete sind der Entwurf und die systematische Variation von (endlichen) Tragflügelgeometrien mit Gelenkplattenprofilen und Wölbplattenprofilen und die Modellierung und strömungsmechanische Berechnung ausgewählter Tragflügel mit einem 3D-CFD-Ansatz.

SUPERFORMANCE und BUCKINGHAM SIMILARITÄT

In Besitz einer derartigen fluidmechanischen Innovation (CARPO), tauchen an Strömungsbauteilen Qualitäten auf, die auf eine Leistungsoptimierung des Bauteils zielen. Die Innovation stammt aus der systematischen Analyse physikalischer Wirkmechanismen der belebten Natur, wir sprechen also wir von *Bionic Engineering*. Downsizing[4] bedeutet in diesem Zusammenhang die gestalterische Einflussnahme auf geometrische und funktionale Parameter der Konstruktion. Eine Skalierung ist in diesem Zusammenhang dann geometrisch affin, wenn die Topologie der Struktur und das rela-

---

[4] nach: https://de.wikipedia.org/wiki/Downsizing

tionale Zusammenspiel signifikanter Konstruktions-parameter erhalten bleibt[5].

Das Auftauchen neuer Qualitäten (*Emergenz*) kann zu extremen Funktionsüberlagerungen (*Integration*) Leistungsverdichtung (*Kompaktheit*) und zu mechanischer Robustheit (*Resilienz*) führen. Oftmals verändern sich dann weitere geometrische, funktionale und Prozessführungsgrößen in eine positive Richtung. Für zukunftsweisende Konstruktionen ist die funktionale *Adaptionsfähigkeit*, die *Funktionsintegration*, eine *Leistungsverdichtung* bei hoher *Kompaktheit* und systeminhärente *Resilienz* eine sehr vorteilhafte Kombination erwünschter Eigenschaften. Führen Emergentien gleichzeitig auf eine affine, kongruente Skalierung, nennen wir sie **SuPerformance**.

Das Leistungsvermögen des Originalsystems und der optimierten Variante sind oft vergleichbar ähnlich oder gleich. Bei fluidischen Systemen wird Similarität der Strömungswirklichkeit in und um den Artefakten vorausgesetzt. Sind Aspekte der „Skaliertheit" der avisiert physikalisch gleichwertigen Konstruktionen von Belang, kann eine theoretische Herangehensweise mit der Ähnlichkeitstheorie nach Maxwell[6] erwogen werden. Gesucht sind also Similaritätenmodelle, die aus der Ähnlichkeitstheorie stammen und die eine Dimensionsanalyse der zu untersuchenden physikalischen Größe nutzen, um die Gestaltungsabsicht des Konstrukteurs, dem *Downsizing-Intend* in der frühen Phase der industriellen Produktentwicklung zu genügen. Der paradigmatische Kern tradierter Similaritätsmodelle ist die Ähnlichkeitstheorie nach Maxwell.

Das Buckingham'sche π-Theorem[7] ist ein grundlegendes Theorem der Ähnlichkeitstheorie. Es beschreibt, wie eine physikalisch sinnvolle Gleichung mit *n* dimensionsbehafteten Größen in eine Gleichung mit *n-m* dimensionslosen Größen umgeschrieben werden kann, wobei *m* die Anzahl der verwendeten unabhängigen Grundgrößen ist. Weiterhin ist es durch das Buckingham'sche π-Theorem möglich, dimensionslose Kennzahlen zu

einem Problem aus den Ausgangsgrößen zu generieren selbst dann, wenn der exakte Zusammenhang in Form von geschlossenen Gleichungen (noch) nicht bekannt ist. Die Buckingham'sche π-Gleichung und die Basisgleichung der Dimensionsanalyse nach Maxwell lauten:

Buckingham $\qquad q = \pi[(K_m)^{a,n}]\, l^{m,n=3}$

Maxwell $\qquad q = M^{\alpha} \cdot L^{\beta} \cdot T^{\chi}$

Das Buckingham'sche Theorem betrifft die gebrochene Dimension K, die die Dimensionen M, L, T der Maxwell'schen Similaritätsgleichung verallgemeinert. Die Similaritätsgleichung besagt nun, dass eine beliebige physikalische Größe q als Produktfunktion der physikalischen Größen Masse (m), Länge (l) und Zeit (t) geschrieben werden kann. Dies gilt natürlich ebenso für die Dimensionen der physikalischen Größen, also M (der Masse (m) in [kg]), L (der Länge (l) in [m]) und T (der Zeit (t) in [s]). Die Exponenten α der Masseneinheit, β der Längeneinheit, und χ der Zeiteinheit sind die Variablen der Maxwell'schen Formel. Die obige Gleichung ist die ausgeschriebene Variante der Produktfunktion (π-Funktion) mit den (m=3) Dimensionen K_1, K_2, K_3 nach Buckingham. Diese Tatsache ist von großer praktischer Bedeutung, denn alle physikalischen Größen können in Formen angegeben werden, in denen nur die drei Einheiten [kg], [m], [s] respektive die Dimensionen Masse M, Lange L, Zeit T vorkommen. Betrachten wir zur Motivation einige physikalische Größen und ihre Dimensionen:

Größe	Symbol [Einheit]	{Dimension}
Geschwindigkeit	v[m/s]	$L \cdot T^{-1}$
Beschleunigung	a[m/s^2]	$L \cdot T^{-2}$
Frequenz, Drehzahl	f [1/s]	T^{-1}
Kraft	F [N]	$M \cdot L \cdot T^{-2}$
Druck	p [N/m^2]	$M \cdot L^{-1} T^{-2}$
Impuls	I [kg m/s]	$M \cdot L \cdot T^{-1}$
Energie, Arbeit	E [J]	$M \cdot L^2 \cdot T^{-2}$
Leistung	P[W]	$M \cdot L^2 \cdot T^{-3}$
Dichte	ρ[kg/m^3]	$M \cdot L^{-3}$

Kern der Argumentation ist die Manövrierleistung einer (beliebigen) Leit- und Steuertragfläche des Seefahrzeugs. Es ist hierbei durchaus nützlich, das Gestaltungsproblem um die Surffinnen vor Augen zu behalten. Wir suchen also nun eine Produktfunktion für das Leistungsvermögen $P \sim L^{\eta}$ eines Systems, das nur noch von einem signifikanten Gestaltungsparameter, also der Länge L, abhängt, auf der Grundlage des Buckingham'schen Theo-

---

[5] Dienst, Mi. (2017) Performance und Downsizing von Surfboardfinnen. Beitrag zur Phänomenologie und Strömungswirklichkeit. GRIN-Verlag GmbH
[6] James Clerk Maxwell (1831-1879) schottischer Physiker. Begründer der kinetischen Gastheorie und der statistischen Mechanik. Maxwell-Gleichungen. Aus https://de.wikipedia.org/wiki/James_Clerk_Maxwell
[7] Das Buckinghamsche A-Theorem nach https://de.wikipedia.org/wiki/Buckinghamsches_PI-Theorem

rems. Eine verallgemeinernde Similaritätstheorie postuliert zwei Paradigmata als Mindestanforderung für die Übertragbarkeit von Systemgrößen:

(1) Die Konstanz der Dichte von Modell und Realsystem und
(2) die Gleichheit der Beschleunigungen.

Unter Achtung der postulierten Paradigmata können wir nun beliebige physikalische Sachverhalte in Formeln beschreiben, die lediglich die Dimensionen M, L, T beinhalten. Die Leistung P eines Systems ist erforderliche Energie E während einer Zeitdauer t:

Mechanische Leistung $\quad$ P = E / t [W] $\quad$ {M·L^2·T^{-3}}

Die erbrachte mechanische Arbeit W beispielsweise die kinetisch Energie E=½m[kg]·v^2[m/s]. Die Betrachtung über die Zeit, liefert nun Aussagen zur Leistung eines Systems. Nach dem ersten Postulat der Similaritätstheorie (Konstanz der Dichte() folgt:

Maxwell $\quad$ $q = M^{\alpha} \cdot L^{\beta} \cdot T^{\chi}$

Die Masse: $\quad$ m[kg]= V [m^3] · ρ [kg/m^3]
mit ρ=const: $\quad$ m~V { M ~ L }

Bei konstanter Dichte ρ ist die Masse m proportional dem Volumen V. Dies gilt entsprechend für die Dimensionen M und L. Die Masse M eines Systems ist eine Funktion der dritten Potenz einer signifikanten Länge L. In der Maxwell'schen Gleichung können wir nun die Masse M durch eine Funktion der Länge L ersetzen. Diese Proportionalität M ~ L^3 setzen wir in den Maxwellschen Produktansatz ein:

Maxwell $\quad$ $q = L^{3\alpha} \cdot L^{\beta} \cdot T^{\chi}$

Das zweite Postulat fordert die Konstanz der Beschleunigungen zweier ähnlicher dynamischer Systeme. Allgemein gilt: die Geschwindigkeit ist v=Δs/Δt und die Beschleunigung a ist die Änderung der Geschwindigkeit:

Geschwindigkeit v = Δs /Δt bzw. $\quad$ v = ds /dt
Beschleunigung a = Δv /Δt = dv /dt $\quad$ 0 d^{2}s / dt^2

Also: $\quad$ a dt^2=d^{2}s und d^{2}s ~dt^2 $\quad$ {L~ T^2}
umstellen auf die Zeit : {T ~ L$^{1/2}$}

Maxwell $\quad$ $q = L^{3\alpha} \cdot L^{\beta} \cdot L^{\chi/2}$

Wegen der Konstanz der Beschleunigung ist die zweifache Ableitung des Weges d^{2}s nach der Zeit proportional der infinitisimalen Zeit dt^2. Betrachten wir nur die Dimensionen, so liefert der Ansatz Aussagen zur Proportionalität von Länge und Zeit. Das Buckingham'sche π-Theorem der Similaritätstheorie liefert die allgemeine Maxwellgleichung in ihrer auf die Längendimension bezogenen Form. Das verallgemeinerte physikalische Phänomen q, es soll später die signifikante Profiltiefe t repräsentieren, ist eine Funktion einzig der Länge L also: q_L=F(L).

Die Exponenten α (vormals der Massen-einheit), β (vormals der Längeneinheit), und χ (vormals der Zeiteinheit) verorten die (vormalige) Position in diesem Term. Gesucht ist eine Proportionalität der Leistung P bezüglich einer Systemlänge L:

Manövrier-Leistung: $\quad$ P=W/t [W] {M ·L^2 · T^{-3}}

Die Leistung P wird in Watt [W, kgm^2/s^3] angegeben. Eine Dimensionengleichung im Sinne des Buckinghamschen π-Theorems respektive der Maxwellschen Proportionalitätsgleichung lautet:

F(Leistung): $\quad$ $q_p = M \cdot L^2 \cdot T^{-3}$

Der Exponentenvergleich für die, in der auf die Systemlänge bezogene Maxwell'schen Similaritätsgleichung, liefert umgehend eine Proportionalität für die Manövrierleistung:

Maxwell $\quad$ $q_L = L^{3\alpha} \cdot L^{\beta} \cdot L^{\chi/2}$
mit den Exponenten: $\quad$ α=1, β= 2, χ=- 3
F(Leistung): $\quad$ $q_L = L^3 \cdot L^2 \cdot L^{-3/2}$

Manövrierleistung: $\quad$ $P \sim L^{\eta} = P \sim L^3 \cdot L^2 \cdot L^{-3/2} =$

$$P \sim L^{(3+2-3/2)} = \quad P \sim L^{3,5}$$

Die Manöverierleistung ist also proportional einer signifikanten Bauteillänge mit dem Exponenten η=3,5. Mit dieser Gleichung ist eine Beziehung gegeben, die das Leistungsvermögen eines Tragflügels proportional zu einem seiner (signifikanten) Gestaltungsparameter mit dem Exponenten η =3,5=7/2 angibt und damit einer Skalierungsvorschrift der Geometrie für eine physikalisch gleichwertige Konstruktion: $P \sim L^{3,5}$.

In diesem Aufsatz betrachten wir den Liftkoeffizienten c_L einer Tragflügelprofilkontur.

Kommen wir zum Downsizing einer Surfboardfinne: Entsprechend dem Stand der Technik und einer gegebenen Ausgangskonstruktion $\vartheta[c_L]$ soll eine optimierte Zielkonstruktion $\Gamma[c_{L,OPT}]$ existieren, mit einer vergleichbaren Leistungsfähigkeit $P=P_\vartheta=P_\Gamma$. Der signifikante Gestaltungsparameter der zu optimierenden Zielkonstruktion $\Gamma[c_{L,OPT}]$ der Surfboardfinne sei die **Profiltiefe** t_Γ.

Die Manövrierleistung: $t^{3,5} \sim P_{TL} = c_L \cdot A_a \cdot v^3 \cdot \rho/2$

Zustandsänderung ($\vartheta[c_L]$, $\Gamma[c_{L,OPT}]$):
$$c_{L\vartheta} \cdot (t_\vartheta)^{3,5} \sim P_\vartheta = P_\Gamma \sim (t_\Gamma)^{3,5} \cdot c_{L\Gamma}$$

Identität: $(t_\Gamma)^{3,5} \cdot (c_{L\vartheta})/(c_{L\Gamma}) = ((t_\vartheta)^{3,5} \cdot (c_{L\vartheta})/(c_{L\Gamma}))^{1/3,5}$

Der signifikante Gestaltungsparameter t_Γ der Zielkonstruktion ist die Profiltiefe an der Tragflügelwurzel: $t_\Gamma = t_\vartheta \cdot ((c_{L\vartheta})/(c_{L\Gamma}))^{1/3,5}$

Im Besitz und in Kenntnis einer hinsichtlich der Auftriebsbeiwerte verbesserten Profilkontur des fluidmechanisch wirksamen Tragflügels der Surfboardfinne gelingt die Verkleinerung signifikanter Gestaltungsparameter (Downsizing) der Profiltiefe der avisierten, leistungsähnlichen Zielkonstruktion nach der Ähnlichkeitstheorie von Maxwell. Die Argumentation erfolgt über das Leistungsvermögen des Tragflügels in Fahrt. Untersuchen wir aber zunächst, wieviel Energie ein Lenkmanöver verzehrt. Die Verschiebearbeit W am fluidischen (Oberflächen-) Transportsystem enthält einen translatorischen Anteil ($\Sigma F_S \, \Delta s$) und einen rotatorischen Anteil ($\Sigma M_{FZ} \, \Delta\gamma$). Im Gegensatz zur Kort-Düse oder einem beweglichen Schiffspropeller, ist die unbewegliche Finne des Surfboards ein passives Manövriersystem. Strömungskräfte stehen nur zur Verfügung, wenn das Manövriersystem (relativ) angeströmt wird, was im Falle eines Surfboards bedeutet, dass das Gesamtsystem in Bewegung sein muss.
Die Tragflügel zentraler Finnen einer gegebenen Ausgangskonstruktion $\vartheta[c_L]$ sind darüber hinaus symmetrisch profiliert und müssen beim Manövrieren schräg zur (Haupt-) Strömungsrichtung stehen, um die zur Richtungsänderung notwendigen Strömungskräfte zu erzeugen.

Die zum Manövrieren aufzuwendende Verschiebeleistung enthält, analog zur Verschiebearbeit, ebenfalls einen translatorischen und einen rotatorischen Anteil: $P = P_T + P_R = \Sigma F_S \, \Delta v + \Sigma M_{FZ}\Delta$.
Wenn an dieser Stelle die Rotation um die Z-Achse, das Gieren (YAW), nicht berücksichtigt werden darf, vereinfacht sich die erforderliche Verschiebeleistung auf den translatorischen Anteil $P_T = \Sigma F_S \, \Delta v$.
In einer ebenen zweidimensionalen (Lagrange-) Betrachtungsweise besitzt die Manövrierleistung eine axiale Komponente, die Verlustleistung P_{TW}, die von den axialen Strömungswiderständen herrührt und eine produktive (zur Widerstandskraft orthonormalen) Komponente P_{TL}, die aus dem

Auftriebsgebaren Leit- und Steuertragfläche herrührt.

$$P_{TL} = L \cdot v = c_L \cdot A_a \cdot v^3 \cdot \rho/2 \quad [W]$$
$$P_{TW} = \Sigma R \cdot v = R_F \cdot v + R_R \cdot v + R_I \cdot v \quad [W]$$
aus:

Formwiderstand	$R_F = c_w \cdot A_p \cdot v^2 \cdot \rho/2$ [N]
Reibungswiderstand	$R_R = c_r \cdot A_b \cdot v^2 \cdot \rho/2$ [N]
induzierter Widerstand	$R_I = c_i \cdot A_a \cdot v^2 \cdot \rho/2$ [N]

Der lineare Term ($c_L \cdot A_a \cdot \rho/2$) der Manövrierleistung enthält den Liftbeiwert c_L (Auftriebskoeffizient) und die Tragflügelfläche A_a. Der Auftriebskoeffizient hängt von der Profilauswahl und von dem Anstellwinkel ab, mit dem der Tragflügel „gefahren" wird.

Immer wieder faszinierend in diesem Zusammenhang ist, dass die entscheidende Größe in der Manövrierleistung die relative, (oft genannt: scheinbare) Anströmgeschwindigkeit ist, die in der dritten Potenz das fluidische Lenkgeschehen, das aus Kräften stammt, dominiert. Hier offenbart sich Fluch und Segen des Konzepts Tragflügel. Die belebte Natur hat schon sehr früh das Tragflügelkonzept für die Transportbelange der Wesen und für sich selbst, die biologische Evolution als Mobilitäts- und Verbreitungsmethode entdeckt. Neben den wunderbaren Fliegern in der Luft und auch im Medium Wasser, die uns als Fossilien vorliegen mag es unendlich viele praktizierte und verworfene Konzepte in der tier- und Pflanzenwelt gegeben haben. Unsere von uns untersuchbare Wirklichkeit in in Wahrheit nur ein verschwindend kleiner unermesslich winziger Teil der biologischen Realität. Und ich füge hinzu: der Realität die sich aus der Vergangenheit über das Derzeit bis in die Zukunft erstreckt. Die Zukunft, die wir mit unseren bescheidenen Mitteln zu gestalten versuchen.
Kommen wir zum Ende der theoretischen Ähnlichkeitsbetrachtung und zurück zum Downwnsizing. Mit der Maxwellschen Proportionalitätsgleichung in der Fassung nach Buckingham ist eine Beziehung gegeben, die das Leistungsvermögen proportional zu einem signifikanten Gestaltungsparameter angibt und damit einer Skalierungsvorschrift der Geometrie für eine physikalisch gleichwertige Konstruktion. Dieses Skalierungsgesetz wenden wir nun an und diskutieren sodann die Anforderungen an die „Superformance".

EVALUATION

Betrachten wir hierzu den Verlauf der Auftriebs- und Widerstandsbeiwerte typischer und möglicher

Profile für Surfboardfinnen. Eine von einer Finne der Firma FUTURES eingescannte Tragflügelkontur weist eine hinreichende Ähnlichkeit mit dem Standardprofil NACA0006 auf, von dem wir über einen Datensatz seiner Kontur und den Lift- und Widerstandsbeiwerten verfügen[8]. Das Profil NACA 0006 ist auf den ersten Blick nicht besonders leistungsfähig. Und dennoch: Der Formwiderstand besitzt im Bereich kleiner Anströmwinkel {-5<α<5} eine deutlich ausgeprägte Delle, die bei Geradeausfahrt des Boards einen geringen Widerstand ausweist. Problematisch ist der geringe Auftriebskoeffizient, dessen Maximum unterhalb der α=10° Marke bleibt.

Bei einer Profiltiefe von maximal 115 [mm] der Standardfinne (Hersteller *FUTURES*) liefert ein NACA-Profil mit d/t=6% Konturdicke an der Flügelwurzel eine Bauteildicke von 6.9 [mm]. Das Terminal der zentralen, symmetrischen *FUTURES*-Finne bietet Raum für Plugs von maximal 7[mm] Dicke.

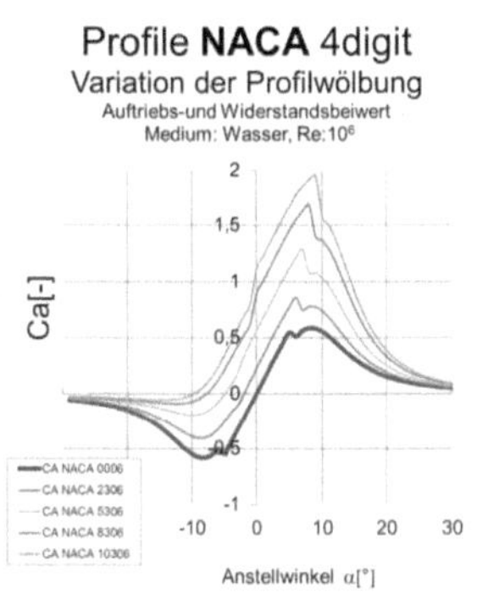

Abb.1: Liftbeiwerte der Profilkontur NACA0006 und seiner Wölbungsvariationen.

Sobald dieses Profil aber eine - auch nur geringe - Konturwölbung annimmt, werden beachtliche Liftbeiwerte von c_L > 1.2 [-] erreicht. Würde sich bei Leistungsähnlichkeit die Finne geometrisch herabskalieren lassen, wären auch spezifische Konturdicken von d/t>6 % realisierbar, das geht aus den potentialtheoretischen Berechnungen hervor, dargestellt im Diagramm der Krümmungsvariationen an NACA-Profilen der 4er-Reihe auf dieser Seite. Diese Option wird nachfolgend aber nicht bedient.

Wir entscheiden uns für eine Finne, die nach der Idee der strömungsadaptiven CARPO- Belastungs- Verformungs- Wechselwirkung arbeitet und in seiner neutralen (unbelasteten) Position mit der Profilkontur NACA0006 aufwartet. Aus den berechneten Tabellenwerten[9] entnehmen wir einen Lift-Koeffizienten von c_L = 0,58 bei einem maximalen Anstellwinkel im Stallzustand von 8 [°]. Um den zur Verformung erforderlichen physikalischen Impact nicht zu hoch anzusetzen soll die belastungsadaptive Form eine Wölbung von lediglich 5 % aufweisen. Führt die Tragflügelverwölbung zu einer NACA-standardisierten Profilkontur, entspricht dies in der vier stelligen Serie (mit einer festgelegten Wölbungsrücklage bei 30% der Profiltiefe) einem Profil NACA5306. Aus den Tabellenwerten entnehmen wir für diese Profilkontur einen Lift-Koeffizienten von c_L = 1,29 bei gleichem Anstellwinkel (die mittlere Kurve im vergleichenden CL-Diagramm auf dieser Seite).

Entspricht die Profilkontur NACA0006 und ihre Strömungswirklichkeit einer gegebenen Ausgangskonstruktion $\vartheta[c_L]$ soll eine optimierte Zielkonstruktion $\Gamma[c_{L,OPT}]$ mit der Profilkontur NACA5306 existieren. Der signifikante Gestaltungsparameter der zu optimierenden Zielkonstruktion $\Gamma[c_{L,OPT}]$ einer Surfboardfinne war die Profiltiefe t_Γ, so dass aus dem Ansatz nach Buckingham das Skalierungsgesetz über den signifikanten Gestaltungsparameter t_Γ der Zielkonstruktion geschrieben werden kann: $t_\Gamma = t_\vartheta \cdot ((c_{L\vartheta})/(c_{L\Gamma}))^{1/3,5}$. Mit $c_{L\vartheta}$=0,583 für die Profilkontur NACA0006 und $c_{L\Gamma}$=1,285 für NACA5306 folgt ein Skalierungs-gesetz für die Konturtiefe t:

$$t_\Gamma = t_\vartheta \cdot 0{,}798$$

Das somit gefundene Skalierungsgesetzt wird auf eine standardisierte Laborfinne[10] angewandt und mit dem gleichnamigen Programmsystem LABFin[11] des Autors evaluiert. Der Anhang dieses Aufsatzes führt die Tabellenwerte der Evaluierung für xxx verschiedene Anströmgeschwindigkeiten auf. Betrachten wir nun die Berechnungsergebnisse aus dem Mittelschnittverfahren für eine standardisierte Laborfinne mit der Spezifikation:

LABFin[t,mm][d/t,%][a/t,%][b/t,%][Profil].

---

[8] Ira H. Abbott, Albert E. von Doenhoff: Theory of Wing Sections: Including a Summary of Airfoil Data. Dover Publications, New York 1959.

[9] Dienst, Mi. (2017) Reihenuntersuchung zu NACA-Profilkonturen der vierstelligen Serie. GRIN-Verlag GmbH München.

[10] Dienst, Mi. (2016) LABORFINNE LABFin. GRIN-Verlag GmbH München.

[11] Dienst, Mi. (2017) Zur numerischen Analyse einer Laborfinne. Mittelschnittverfahren und Manövrierleistung. GRIN-Verlag GmbH München.

Ausgangspunkt ist eine Finne mit einer Profiltiefe von t=100 [mm] und der Profilkontur NACA 0006. Die Dickenrücklage befindet sich bei 30% t; die Kontur ist ungekrümmt und symmetrisch. Auf der Basis dieser Finne löst die Innovation vom CAPO-Prinzip eine Downsizing-Kampagne nach den Gestaltungs-Paradigmata der Buckingham'schen Methode aus. Für die Strömungswirklichkeit im Betrieb werden moderate Annahmen getroffen. Die Anströmgeschwindigkeiten betragen v_{ue} = [2, 4, 5, 6, 8] m/s.

<u>Berechnete und abgeleitete Größen in LABFin:</u>

<u>GEOMETRIE</u>

Tragflügelfläche (Aufproj.)	A_a	[m2]
Tragflügelfläche (Frontproj.)	A_p	[m2]
Tragflügelfläche (benetzt)	A_b	[m2]
Tragflügeltiefe, Profiltiefe	t	[m]
Tragflügeltiefe (Tip)	b	[m]
Tragflügellänge	a	[m]
Schlankheitsgrad	λ	[-] $\lambda = A_a/b^2$

<u>KRÄFTE</u>

Strömungskraft	F_S	[N]
Drehmoment (Seefahrzeug)	M_{FZ}	[Nm]
Auftrieb, Querkraft, Lift	L	[N]
	L =	$c_a \cdot A_a \cdot v^2 \cdot \rho/2$
Formwiderstand	R_F	[N]
	R_F =	$c_w \cdot A_p \cdot v^2 \cdot \rho/2$
Reibungswiderstand	R_R	[N]
	R_R =	$c_r \cdot A_b \cdot v^2 \cdot \rho/2$
induzierter Widerstand	R_I	[N]
	R_I =	$c_I \cdot A_a \cdot v^2 \cdot \rho/2$

<u>KOEFFIZIENTEN</u>

Querkraftbeiwert (Messung)	c_L	[-]
Widerstandsbeiwert	c_r	[-]
	c_r =	$1{,}327 \cdot (Re)^{-1/2}$
Widerstandsbeiwert (glatt)	c_r	[-]
	c_r =	$0{,}074 \cdot (Re)^{-1/5}$
induzierter Widerstand[12]	c_I	[-]
c_I =		$\lambda\, c_L^2 / \pi$

<u>ENERGIE und LEISTUNG</u>

translatorische Verschiebung	s	[m]
Rotations-Drehwinkel	γ	[°]
Geschwindigkeit (scheinbar ~)	v	[m s^{-1}]
Winkelgeschwindigkeit (See-Fz)	ω	[s^{-1}]
Arbeit, Energie	W	[N m] [J]
Leistung (strömungsmechan. ~)	P	[N m s^{-1}] [J s^{-1}] [W]
Erforderliche Verschiebearbeit	W	[J] W_T+W_R
	W_T+W_R =	$\Sigma\, F_S\, \Delta s + \Sigma\, M_{FZ}\, \Delta\gamma$
Erf. Verschiebeleistung	P	[W]
	P_T+P_R =	$\Sigma\, F_S\, \Delta v + \Sigma\, M_{FZ}\, \omega$

Für die Laborfinne mit der Spezifikation LABFin[100][6][120][60][NACA0006] ermitteln wir mit dem Programmsystem LABFin eine radiale Manövrierleistung von P_{Lift}=350 [W]. Unabhängig davon, ob nun der Surferin diese Lift-Leistung ausreicht, das gewünschte Manöver zu fahren oder

nicht, befindet sich der gesetzte Wert für den Leistungsaustrag beim Manövrieren auf diesem Wert. Die axiale Widerstandsleistung, die maßgeblich zur Stabilisierung des Boards beiträgt ist in diesem Fall P_W=51[W]. Der resultierende Leistungsaustrag erfolgt unter einem Winkel von 82[°] achteraus.

Unter der Forderung der Leistungsähnlichkeit einerseits und der Annahme einer Innovation hinsichtlich der Fluid-Struktur-Wechselwirkung der Finne andererseits sowie mit der Methode nach Buckingham führt eine Downsizing- Kampagne auf eine Finne mit dem Profil NACA5306 mit einer Profilkonturtiefe von t=80[mm]. Mit den Auftriebsbeiwerten im Zustand(ϑ) des ursprünglichen Tragflügels: $c_{L\vartheta}$=0.58 und dem Zustand(Γ) des Zielsystems: $c_{L\Gamma}$=1.285 und entsprechend einem einen Skalenfaktor von: $0{,}798=((c_{L\vartheta})/(c_{L\Gamma}))^{1/3{,}5}$, des signifikanten Gestaltungsparameters t_Γ der Zielkonstruktion. Trotz dieser beachtlichen Verkleinerung der signifikanten Bauteilgeometrie nimmt die Manövrier-leistung der Finne zu (Performance). Die Labor-finne besitzt die Spezifikation: LABFin[59]-[6][120][60][NACA5306]. Die Krümmung von 5% ist angesichts desavisierten Formänderungsphänomens an der flexiblen Finne moderat. Die radiale Manövrierleistung der Anfangskonfiguration mit dem Profil NACA0006 von P_{Lift}=350 [W] bei einer Basisgeschwindigkeit wird mit P_{Lift}=492[W] deutlich überschritten. Die Kompaktheit und Robustheit nehmen zu, der Druckmittelpunkt der Finne verschiebt sich – wenn auch nur geringfügig – zur Profilwurzel hin. Zusammen mit der system-immanenten Fluidflexibilität und der Strömungsadaption im Betrieb werden die anfangs in diesem Aufsatz geforderten Resilienzkriterien für eine artifizielle „SuPerformance" erfüllt.

Mit der Leistungserhöhung wandert auch der Winkel des Leistungsaustrags von 81[°] der Basisfinne auf 74[°] der superformanten Finne achteraus. Den maßgeblichen Einfluss übt erwartungsgemäß der induzierte Widerstand aus, der wie alle anderen Widerstandskomponenten axial, also achteraus, wirkt. Als ein idealer Indikator erweist sich hier die Zirkulation um den Tragflügel-Tip, die sich im Fall der (positiven) Profilentwicklung von 0,123 [m^{2}s^{-1}] auf 0,245 [m^{2}s^{-1}] nahezu verdoppelt. Das Randwirbelgeschehen ist die Währung, mit der wir für eine Innovation die auf das Auftriebsgebaren des Tragflügels zielt, zahlen.

Im Polarendiagramm der Krümmungsvariationen betrachten wir noch einmal den Verlauf der Auftriebsbeiwerte. Das Profil NACA5306 liefert mit

---

[12] gemäß elliptischer Auftriebsverteilung nach Prandtl

c_{LF}=1.285 einen durchaus zufriedenstellenden Lift, der Stallwinkel ist aber mit einem Wert unterhalb der 10°-Grenze nicht vorteilhaft. NACA5306 ist aber ein sehr rankes Profil, das seine Vorteile auf dem Feld der Reibungs- und Druckwiderstände ausspielt. Das ersehen wir aus der Evaluierungstabelle. Der gestalterische Rahmen ist aber grobmaschiger als anfangs vermutet und es wachsen dem Konstrukteur neue Freiheiten und Gestaltungsspielräume zu.

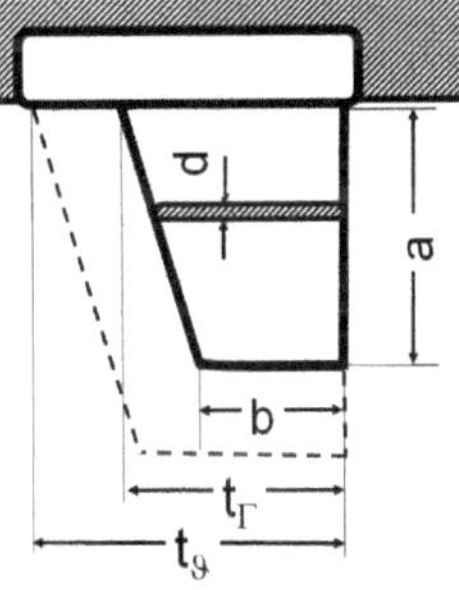

Abb.: Downsizing-Fin im LABFin Standard. Vor und nach der Kampagne: Zustand(ϑ) und Zustand(Γ): LABFin[t,mm][d/t,%][a/t,%][b/t,%][Profil]

Emergenz, also das Auftauchen neuer Qualitäten als Folge einer Innovation kann zu extremen Funktionsüberlagerungen im Sinne einer Wirkungsintegration führen. Die Surfboardfinnen nach den Prinzipien der CARPO-Technologie sind einerseits flexibel hinsichtlich der Wölbverformung ihrer Tragflächenstruktur sondern auch elastisch bei Überlast. Letzteres ist entscheidend,, eine kollision am Strand oder an einer riffkante zu „überleben". Die strömungsadaptive Verformbar-keit wiederum steckt ja quasi bereits in den Prämissen, die auf das CARPO-Prinzip verweisen.   Leistungsverdichtung führt zu einer Kompaktheit der Konstruktion und zu mechanischer Robustheit. Robustheit, Kompaktheit, Anpassungsfähigkeit und die aus der Gestaltgebung herrührende Chance, eine Havarie zu überstehen wird inzwischen nicht nur in den Bio- oder Sozialwissenschaften, sondern auch in der Technik und im Design unter dem Begriff der Resilienz zusammengefasst. Im Downsizing verändern sich weitere geometrische, funktionale und Prozessführungsgrößen in eine positive Richtung. So ist etwa die Position des Druck-mittelpunktes einer Querkrafterzeugenden Kraft- und Arbeitstragfläche dafür verantwortlich, mit welchem Hebelarm querab ein Rollmoment auf das zu

manövrierende Seefahrzeug wirkt. Ein Vorgang, der wie alle Wirkungen, die auf Strö-mungskräften beruhen, mit der dritten Potenz der Geschwindigkeit zunimmt. Bei unserer Surfboard-finne ist dieser Effekt natürlich marginal, weist aber in die gute, in die vorteilhafte Richtung.

Verallgemeinernd bleibt festzustellen, dass für zukunftsweisende Konstruktionen von Leit- und Steuertragflächen dann SuPerformance auftaucht und emergiert, wenn aufgrund einer affinen, Skalierung der Gestalt sich die funktionale Adaptionsfähigkeit verbessert, Funktionsintegration gelingt, eine Leistungsverdichtung bei hoher Kompaktheit stattfindet und eine systeminhärente Resilienz auf die Kombination erwünschter Eigenschaften führt.

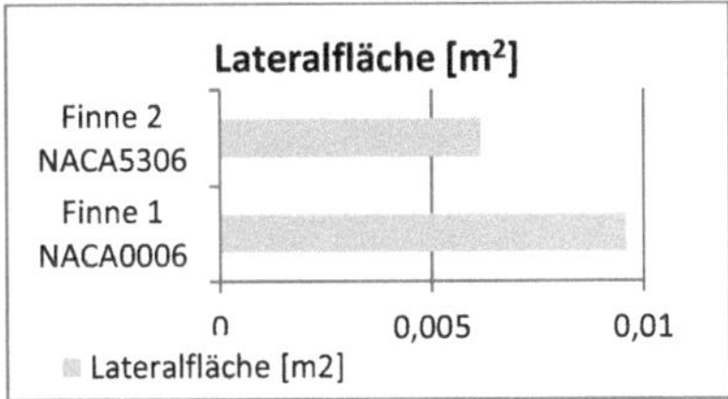

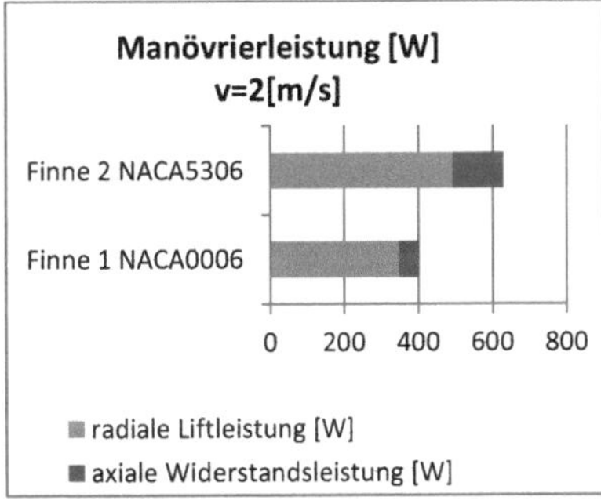

Kommen wir abschließend noch einmal auf den Aspekt der Strömungswirklichkeit dieser wunderbaren passiven Leit- und Steuertragflächen zurück. Die Anströmgeschwindigkeit von 8 [m/s] stellt für eine Surferin absolut keine Obergrenze dar; eine resultierende Manövrierleistung von etwa 2[kW]! aber erweist sich aber für einen solch kleinen erforderlichen Bauraum als ein „gewaltiges Pfund unter den Hufen!" Das motiviert. Wir werden unsere Forschung an diesen so genannten „passiven" Leistungstragflügeln fortsetzen mit detaillierteren Modellen und Simulationen, im Labor und, so die Vision, vielleicht auch in der Welle.

Mi. Dienst, Berlin im Januar 2017

Bibliographie

Ira H. Abbott, Albert E. von Doenhoff (1959): Theory of Wing Sections: Including a Summary of Airfoil Data. Dover Publications, New York

Bagaric, B. (2011). Modellierung, Simulation und Parametrisierung eines virtuellen Strömungskanals mit dem Programmsystem FS-Flow. Untersuchung typischer Szenarien endlicher Tragflügel. Bachelorarbeit a.d. BeuthHS Berlin (082011).

Dienst, Mi. (2017) Reihenuntersuchung zu NACA-Profilkonturen der vierstelligen Serie. Analyse zur Strömungswirklichkeit der Surfboard-Finnen. GRIN-Verlag GmbH München, ISBN(e-Book): 9783668374201, ISBN(Buch): 9783668374218

Dienst, Mi. (2017) Zur numerischen Analyse einer Laborfinne. Mittelschnittver-fahren und Manövrierleistung. GRIN-Verlag GmbH München, ISBN(e-Book): 9783668374188, ISBN(Buch): 9783668374195

Dienst, Mi. (2016) LABORFINNE LABFin, Transactions in Suffering Innovations T001 SI482. GRIN-Verlag GmbH München, ISBN(e-Book): 9783668349360 ISBN(Buch): 9783668349377

Grote, K-H, Feldhusen, J. (Hrsg.)(2012): Dubbel. Taschenbuch für den Maschinenbau. 23. Auflage. Springer Verlag, Berlin.

Richard Eppler (1990): Airfoil Design and Data. Springer Verlag, Berlin, New York

Edgar Gorrell, S. Martin: Aerofoils and Aerofoil Structural Combinations. In: NACA Technical Report. Nr. 18, 1917.

Joseph Katz, Allen Plotkin (2001): Low-Speed Aerodynamics (Cambridge Aerospace Series) Cambridge University Press; 2 edition

Krebber, B. (2008) "i-mech". Untersuchung der intelligenten Mechanik von Fisch-flossen mit Hilfe von FSI- Simulation. Forschungsbericht der Technischen Fachhochschule Berlin 2007/08

Krebber, B., Kleinschrodt, H.-D. und Hochkirch, K.: (2008) Fluid-Struktur-Simulation zur Untersuchung intelligenter Mechanik von Fischflossen. ANSYS Conference & 26. CADFEM Users´ Meeting, ISBN-3 937523-06-5

Marchaj, C. A. (1964) "Sailing Theory and Practice"', Adlard Coles Nautical, 1964, Library of Congress Catalogue Card Number 64-13694.

Marchaj, C. A. (1986) Seaworthiness: the forgotten factor, ISBN 0-87742-227-3

Marchaj, C. A. (1997) Die Aerodynamik der Segel. Bielefeld: Delius Klasing.

Marchaj, C. A. (2000) Aero-hydrodynamics of sailing, ISBN 0-229-98652-8

Marchaj, C. A. (2003) Sail performance: techniques to maximize sail power, ISBN 0-07-141310-3

Mirtsch, F., Dienst, Mi. (2005) Artifizielle adaptive Strömungskörper nach dem Vorbild der Natur.

Forschungsbericht 30042005. Kinematiken und Gestaltungsprinzip. Forschungsberichte der Technischen Fachhochschule Berlin.

Werner Nachtigall (2002) Bionik. Grundlagen und Beispiele für Ingenieure und Naturwissenschaftler. Springer Berlin Heidelberg New York ISBN 3-540-43660

Ost, S., Kleinschrodt, H.-D., (2013) Adaptiv Foils, in: Nachhaltige Forschung in Wachstumsbereichen, Bd.4, Mensch und Buch Verlag, Berlin ISBN 978-3-86387-392-9

Siewert, M; Kleinschrodt, H.-D.(2011) Bionical Morphological Computation. In: Nachhaltige Forschung in Wachstumsbereichen Bd.1, Logos Verlag Berlin.

Siewert, M; Kleinschrodt, H.-D.; Krebber, B; Dienst, Mi. (2010) FSI- Analyse auto-adaptiver Profile für Strömungsleitflächen. In: Tagungsband, ANSYS Conference & 28th CADFEM Users' Meeting Aachen 2010.

Voß, M., H.-D. Kleinschrodt, H.-D., (2013) 3D-Fluid-Struktur-Interaktion symmetrischer Profile mit Innenstrukturierung. ANSYS Conference & 31. CADFEM Users' Meeting, Juni 2013, Rosengarten Mannheim.

Voß, M., H.-D. Kleinschrodt, H.-D., (2012) Fluid-Struktur-Interaktion flexibler Tragflügelprofile nach dem Vorbild der belebten Natur. ANSYS Conference & 30. CADFEM Users' Meeting, Oktober 2012, Kongress Palais Kassel, 32 S., ISBN 3-937523-09-X

Voß, M., H.-D. Kleinschrodt, H.-D., (2012) Zwei-Wege-Fluid-Struktur-Interaktion mit OpenFOAM, Tagungsband. Jahrestreffen der Fachgruppen Computational Fluid Dynamics und Fluidverfahrenstechnik. März 2012, Weimar.

[W-1]   http://de.wikipedia.org/wiki/Profil (abgerufen10062014)
[W-2]   The Airfoil Investigation Database,
            http://www.worldofkrauss.com/foils/578 (abgerufen 10062014)
[W-3]   UIUC Airfoil Coordinates Database, (abgerufen 10062014)
            http://www.ae.illinois.edu/m-selig/ads/coord_database.html

Reihenuntersuchung Analyse der Laborfinne
LABFin **LABFin[t,mm],[d/t,%],[a/t,%],[b/t,%],[Profil],[Feature 1],..,[Feature n]**

Mittelschnittverfahren

Analysedaten für eine Laborfinne mit dem Programm LABFin (V1.1.)				
Berechnungs- und Messdaten			**LABFin[100][6][120][60][NACA0006]**	
INDEX	**Wert**	**Dim**	**Beschreibung**	inProgm.
1	0.100000	[m]	t Standard-Profil-Konturtiefe Wurzel (setting)	t
2	0.120000	[-]	a Tragflügellänge (setting)	a
3	0.060000	[-]	b Profil-Konturtiefe Tip (setting)	b
4	0.006000	[m]	D Profil-Dicke Wurzel (NACA-Spezifikation)	d
5	0.583000	[-]	CL Liftbeiwert aus Analyse NACA	CL
6	0.053290	[-]	CW Widerstandsbeiwert aus Analyse NACA	CW
7	8.000000	[°]	Stallwinkel aus Analyse NACA	aS
8	5.000000	[m s-1]	Basis-Geschwindigkeit (Vunendlich)	vv
9	1000000.000000	[-]	RE, Reynoldszahl	RE
0	18.434947	[°]	Pfeilungswinkel Tragflügel (bugseitig)	beta_b
1	1.500000	[-]	Schlankheitsgrad Tragflügel (Aspect Ratio)	AspR
2	0.009600	[m2]	Tragflügelflaeche lateral (radial)	A_LAT
3	0.019200	[m2]	Tragflügelflaeche benetzt (radial)	A_BEN
4	0.000720	[m2]	Tragflügelflaeche projeziert (axial)	A_PRJ
5	0.009167	[m]	x-Druckmittelpunkt auf Tragflügel (radial)Null=x0	PsX
6	0.055000	[m]	y-Druckmittelpunkt auf Tragflügel (radial)Null=y0	PsY
7	8.000000	[°]	Winkel der Anströmrichtung, Stallwinkel	aS
8	5.000000	[ms-1]	v-unendlich resulieren geg. Profilseele	vreu
9	-0.727500	[ms-1]	v-unendlich x-Komponente.	vxue
0	4.946791	[ms-1]	v-unendlich y-Komponente.	vyue
1	0.583000	[-]	Lift-Koeffi (aus Analyse NACA)	c_LIFT
2	0.053290	[-]	Form-Koeffi (aus Analyse NACA)	c_DRAG
3	0.004669	[-]	Reibungs-Koeffi (NACA)	c_FRIC
4	0.072127	[-]	induziert-wi-Koeffi (NACA)	c_INDU
5	0.174900	[m2s-1]	Zirkulation am Fluegel-Tip	vortty
6	69.820080	[N]	**Liftkraft**	K_LIFT
7	0.478651	[N]	Form-Wi-Kraft	K_DRAG
8	1.118339	[N]	Reib-Wi-Kraft	K_FRIC
9	8.637891	[N]	induzierte Wi-Kraft	K_INDU
0	10.234881	[N]	**totale Wi-Kraft**	K_SUMM
1	70.566255	**[N]**	**resultierende ManoeverierKraft**	**K_RES**
2	81.660436	[°]	Kraftrichtung(Manoever); Null = achteraus	gama_Kres
3	349.100400	**[W]**	**LiftLeistung**	**P_LIFT**
4	2.393254	[W]	Form-Wi-Leistung	P_DRAG
5	5.591695	[W]	Reib-Wi-Leistung	P_FRIC
6	43.189455	[W]	induzierte Wi-Leistung	P_INDU
7	51.174404	**[W]**	**totale Widerstands-Leistung**	**P_SUMM**
8	352.831275	**[W]**	**resultierende ManoeverierLeistung**	**P_RES**
9	81.660436	[°]	Leistungsrichtung(Manoever); Null = achteraus	gama_Pres

Mittelschnittverfahren

Analysedaten für eine Laborfinne mit dem Programm LABFin (V1.1.)

Berechnungs- und Messdaten			LABFin[100][6][120][60][NACA5306]	
INDEX	**Wert**	**Dim**	**Beschreibung**	inProgm.
1	0.080000	[m]	t Standard-Profil-Konturtiefe Wurzel (setting)	t
2	0.096000	[-]	a Tragflügellänge (setting)	a
3	0.048000	[-]	b Profil-Konturtiefe Tip (setting)	b
4	0.004800	[m]	D Profil-Dicke Wurzel (NACA-Spezifikation)	d
5	1.285000	[-]	CL Liftbeiwert aus Analyse NACA	CL
6	0.014730	[-]	CW Widerstandsbeiwert aus Analyse NACA	CW
7	7.000000	[°]	Stallwinkel aus Analyse NACA	aS
8	5.000000	[m s-1]	Basis-Geschwindigkeit (Vunendlich)	vv
9	1000000.000000	[-]	RE, Reynoldszahl	RE
0	18.434947	[°]	Pfeilungswinkel Tragflügel (bugseitig)	beta_b
1	1.500000	[-]	Schlankheitsgrad Tragflügel (Aspect Ratio)	AspR
2	0.006144	[m2]	Tragflügelflaeche lateral (radial)	A_LAT
3	0.012288	[m2]	Tragflügelflaeche benetzt (radial)	A_BEN
4	0.000461	[m2]	Tragflügelflaeche projeziert (axial)	A_PRJ
5	0.007333	[m]	x-Druckmittelpunkt auf Tragflügel (radial)Null=x0	PsX
6	0.044000	[m]	y-Druckmittelpunkt auf Tragflügel (radial)Null=y0	PsY
7	8.000000	[°]	Winkel der Anströmrichtung, Stallwinkel	aS
8	5.000000	[ms-1]	v-unendlich resultieren geg. Profilseele	vreu
9	-0.727500	[ms-1]	v-unendlich x-Komponente.	vxue
0	4.946791	[ms-1]	v-unendlich y-Komponente.	vyue
1	1.285000	[-]	Lift-Koeffi (aus Analyse NACA)	c_LIFT
2	0.014730	[-]	Form-Koeffi (aus Analyse NACA)	c_DRAG
3	0.004669	[-]	Reibungs-Koeffi (NACA)	c_FRIC
4	0.350401	[-]	induziert-wi-Koeffi (NACA)	c_INDU
5	0.308400	[m2s-1]	Zirkulation am Fluegel-Tip	vortty
6	98.490624	[N]	**Liftkraft**	K_LIFT
7	0.084675	[N]	Form-Wi-Kraft	K_DRAG
8	0.715737	[N]	Reib-Wi-Kraft	K_FRIC
9	26.856959	[N]	induzierte Wi-Kraft	K_INDU
0	27.657371	[N]	**totale Wi-Kraft**	K_SUMM
1	102.300211	**[N]**	**resultierende ManoeverierKraft**	**K_RES**
2	74.314601	[°]	Kraftrichtung(Manoever); Null = achteraus	gama_Kres
3	492.453120	**[W]**	**LiftLeistung**	**P_LIFT**
4	0.423376	[W]	Form-Wi-Leistung	P_DRAG
5	3.578685	[W]	Reib-Wi-Leistung	P_FRIC
6	134.284795	[W]	induzierte Wi-Leistung	P_INDU
7	138.286856	**[W]**	**totale Widerstands-Leistung**	**P_SUMM**
8	511.501056	**[W]**	**resultierende ManoeverierLeistung**	**P_RES**
9	74.314601	[°]	Leistungsrichtung(Manoever); Null = achteraus	gama_Pres

Analysedaten für eine Laborfinne mit dem Programm LABFin (V1.1.)

Berechnungs- und Messdaten			LABFin[100][6][120][60][NACA5306]	
INDEX	**Wert**	**Dim**	**Beschreibung**	**inProgm.**
1	0.080000	[m]	t Standard-Profil-Konturtiefe Wurzel (setting)	t
2	0.096000	[-]	a Tragflügellänge (setting)	a
3	0.048000	[-]	b Profil-Konturtiefe Tip (setting)	b
4	0.004800	[m]	D Profil-Dicke Wurzel (NACA-Spezifikation)	d
5	1.285000	[-]	CL Liftbeiwert aus Analyse NACA	CL
6	0.014730	[-]	CW Widerstandsbeiwert aus Analyse NACA	CW
7	7.000000	[°]	Stallwinkel aus Analyse NACA	aS
8	2.000000	[m s-1]	Basis-Geschwindigkeit (Vunendlich)	vv
9	1000000.000000	[-]	RE, Reynoldszahl	RE
0	18.434947	[°]	Pfeilungswinkel Tragflügel (bugseitig)	beta_b
1	1.500000	[-]	Schlankheitsgrad Tragflügel (Aspect Ratio)	AspR
2	0.006144	[m2]	Tragflügelflaeche lateral (radial)	A_LAT
3	0.012288	[m2]	Tragflügelflaeche benetzt (radial)	A_BEN
4	0.000461	[m2]	Tragflügelflaeche projeziert (axial)	A_PRJ
5	0.007333	[m]	x-Druckmittelpunkt auf Tragflügel (radial)Null=x0	PsX
6	0.044000	[m]	y-Druckmittelpunkt auf Tragflügel (radial)Null=y0	PsY
7	8.000000	[°]	Winkel der Anströmrichtung, Stallwinkel	aS
8	2.000000	[ms-1]	v-unendlich resultieren geg. Profilseele	vreu
9	-0.291000	[ms-1]	v-unendlich x-Komponente.	vxue
0	1.978716	[ms-1]	v-unendlich y-Komponente.	vyue
1	1.285000	[-]	Lift-Koeffi (aus Analyse NACA)	c_LIFT
2	0.014730	[-]	Form-Koeffi (aus Analyse NACA)	c_DRAG
3	0.004669	[-]	Reibungs-Koeffi (NACA)	c_FRIC
4	0.350401	[-]	induziert-wi-Koeffi (NACA)	c_INDU
5	0.123360	[m2s-1]	Zirkulation am Fluegel-Tip	vortty
6	15.758500	[N]	**Liftkraft**	K_LIFT
7	0.013548	[N]	Form-Wi-Kraft	K_DRAG
8	0.114518	[N]	Reib-Wi-Kraft	K_FRIC
9	4.297113	[N]	induzierte Wi-Kraft	K_INDU
0	4.425179	[N]	**totale Wi-Kraft**	K_SUMM
1	16.368034	**[N]**	**resultierende ManoeverierKraft**	**K_RES**
2	74.314601	[°]	Kraftrichtung(Manoever); Null = achteraus	gama_Kres
3	31.517000	**[W]**	**LiftLeistung**	**P_LIFT**
4	0.027096	[W]	Form-Wi-Leistung	P_DRAG
5	0.229036	[W]	Reib-Wi-Leistung	P_FRIC
6	8.594227	[W]	induzierte Wi-Leistung	P_INDU
7	8.850359	**[W]**	**totale Widerstands-Leistung**	**P_SUMM**
8	32.736068	**[W]**	**resultierende ManoeverierLeistung**	**P_RES**
9	74.314601	[°]	Leistungsrichtung(Manoever); Null = achteraus	gama_Pres

Analysedaten für eine Laborfinne mit dem Programm LABFin (V1.1.)

Berechnungs- und Messdaten			LABFin[100][6][120][60][NACA5306]	
INDEX	Wert	Dim	Beschreibung	inProgm.
1	0.080000	[m]	t Standard-Profil-Konturtiefe Wurzel (setting)	t
2	0.096000	[-]	a Tragflügellänge (setting)	a
3	0.048000	[-]	b Profil-Konturtiefe Tip (setting)	b
4	0.004800	[m]	D Profil-Dicke Wurzel (NACA-Spezifikation)	d
5	1.285000	[-]	CL Liftbeiwert aus Analyse NACA	CL
6	0.014730	[-]	CW Widerstandsbeiwert aus Analyse NACA	CW
7	7.000000	[°]	Stallwinkel aus Analyse NACA	aS
8	4.000000	[m s-1]	Basis-Geschwindigkeit (Vunendlich)	vv
9	1000000.000000	[-]	RE, Reynoldszahl	RE
0	18.434947	[°]	Pfeilungswinkel Tragflügel (bugseitig)	beta_b
1	1.500000	[-]	Schlankheitsgrad Tragflügel (Aspect Ratio)	AspR
2	0.006144	[m2]	Tragflügelflaeche lateral (radial)	A_LAT
3	0.012288	[m2]	Tragflügelflaeche benetzt (radial)	A_BEN
4	0.000461	[m2]	Tragflügelflaeche projeziert (axial)	A_PRJ
5	0.007333	[m]	x-Druckmittelpunkt auf Tragflügel (radial)Null=x0	PsX
6	0.044000	[m]	y-Druckmittelpunkt auf Tragflügel (radial)Null=y0	PsY
7	8.000000	[°]	Winkel der Anströmrichtung, Stallwinkel	aS
8	4.000000	[ms-1]	v-unendlich resultieren geg. Profilseele	vreu
9	-0.582000	[ms-1]	v-unendlich x-Komponente.	vxue
0	3.957433	[ms-1]	v-unendlich y-Komponente.	vyue
1	1.285000	[-]	Lift-Koeffi (aus Analyse NACA)	c_LIFT
2	0.014730	[-]	Form-Koeffi (aus Analyse NACA)	c_DRAG
3	0.004669	[-]	Reibungs-Koeffi (NACA)	c_FRIC
4	0.350401	[-]	induziert-wi-Koeffi (NACA)	c_INDU
5	0.246720	[m2s-1]	Zirkulation am Fluegel-Tip	vortty
6	63.033999	[N]	**Liftkraft**	K_LIFT
7	0.054192	[N]	Form-Wi-Kraft	K_DRAG
8	0.458072	[N]	Reib-Wi-Kraft	K_FRIC
9	17.188454	[N]	induzierte Wi-Kraft	K_INDU
0	17.700718	[N]	**totale Wi-Kraft**	K_SUMM
1	65.472135	**[N]**	**resultierende ManoeverierKraft**	**K_RES**
2	74.314601	[°]	Kraftrichtung(Manoever); Null = achteraus	gama_Kres
3	252.135997	**[W]**	**LiftLeistung**	**P_LIFT**
4	0.216768	[W]	Form-Wi-Leistung	P_DRAG
5	1.832287	[W]	Reib-Wi-Leistung	P_FRIC
6	68.753815	[W]	induzierte Wi-Leistung	P_INDU
7	70.802870	**[W]**	**totale Widerstands-Leistung**	**P_SUMM**
8	261.888540	**[W]**	**resultierende ManoeverierLeistung**	**P_RES**
9	74.314601	[°]	Leistungsrichtung(Manoever); Null = achteraus	gama_Pres

Analysedaten für eine Laborfinne mit dem Programm LABFin (V1.1.)

Berechnungs- und Messdaten			LABFin[100][6][120][60][NACA5306]	
INDEX	**Wert**	**Dim**	**Beschreibung**	**inProgm.**
1	0.080000	[m]	t Standard-Profil-Konturtiefe Wurzel (setting)	t
2	0.096000	[-]	a Tragflügellänge (setting)	a
3	0.048000	[-]	b Profil-Konturtiefe Tip (setting)	b
4	0.004800	[m]	D Profil-Dicke Wurzel (NACA-Spezifikation)	d
5	1.285000	[-]	CL Liftbeiwert aus Analyse NACA	CL
6	0.014730	[-]	CW Widerstandsbeiwert aus Analyse NACA	CW
7	7.000000	[°]	Stallwinkel aus Analyse NACA	aS
8	6.000000	[m s-1]	Basis-Geschwindigkeit (Vunendlich)	vv
9	1000000.000000	[-]	RE, Reynoldszahl	RE
0	18.434947	[°]	Pfeilungswinkel Tragflügel (bugseitig)	beta_b
1	1.500000	[-]	Schlankheitsgrad Tragflügel (Aspect Ratio)	AspR
2	0.006144	[m2]	Tragflügelflaeche lateral (radial)	A_LAT
3	0.012288	[m2]	Tragflügelflaeche benetzt (radial)	A_BEN
4	0.000461	[m2]	Tragflügelflaeche projeziert (axial)	A_PRJ
5	0.007333	[m]	x-Druckmittelpunkt auf Tragflügel (radial)Null=x0	PsX
6	0.044000	[m]	y-Druckmittelpunkt auf Tragflügel (radial)Null=y0	PsY
7	8.000000	[°]	Winkel der Anströmrichtung, Stallwinkel	aS
8	6.000000	[ms-1]	v-unendlich resultieren geg. Profilseele	vreu
9	-0.873000	[ms-1]	v-unendlich x-Komponente.	vxue
0	5.936149	[ms-1]	v-unendlich y-Komponente.	vyue
1	1.285000	[-]	Lift-Koeffi (aus Analyse NACA)	c_LIFT
2	0.014730	[-]	Form-Koeffi (aus Analyse NACA)	c_DRAG
3	0.004669	[-]	Reibungs-Koeffi (NACA)	c_FRIC
4	0.350401	[-]	induziert-wi-Koeffi (NACA)	c_INDU
5	0.370080	[m2s-1]	Zirkulation am Fluegel-Tip	vortty
6	141.826499	[N]	**Liftkraft**	K_LIFT
7	0.121932	[N]	Form-Wi-Kraft	K_DRAG
8	1.030661	[N]	Reib-Wi-Kraft	K_FRIC
9	38.674021	[N]	induzierte Wi-Kraft	K_INDU
0	39.826614	[N]	**totale Wi-Kraft**	K_SUMM
1	147.312304	**[N]**	**resultierende ManoeverierKraft**	**K_RES**
2	74.314601	[°]	Kraftrichtung(Manoever); Null = achteraus	gama_Kres
3	850.958991	**[W]**	**LiftLeistung**	**P_LIFT**
4	0.731593	[W]	Form-Wi-Leistung	P_DRAG
5	6.183968	[W]	Reib-Wi-Leistung	P_FRIC
6	232.044126	[W]	induzierte Wi-Leistung	P_INDU
7	238.959687	**[W]**	**totale Widerstands-Leistung**	**P_SUMM**
8	883.873824	**[W]**	**resultierende ManoeverierLeistung**	**P_RES**
9	74.314601	[°]	Leistungsrichtung(Manoever); Null = achteraus	gama_Pres

Analysedaten für eine Laborfinne mit dem Programm LABFin (V1.1.)

Berechnungs- und Messdaten			LABFin[100][6][120][60][NACA5306]	
INDEX	**Wert**	**Dim**	**Beschreibung**	**inProgm.**
1	0.080000	[m]	t Standard-Profil-Konturtiefe Wurzel (setting)	t
2	0.096000	[-]	a Tragflügellänge (setting)	a
3	0.048000	[-]	b Profil-Konturtiefe Tip (setting)	b
4	0.004800	[m]	D Profil-Dicke Wurzel (NACA-Spezifikation)	d
5	1.285000	[-]	CL Liftbeiwert aus Analyse NACA	CL
6	0.014730	[-]	CW Widerstandsbeiwert aus Analyse NACA	CW
7	7.000000	[°]	Stallwinkel aus Analyse NACA	aS
8	8.000000	[m s-1]	Basis-Geschwindigkeit (Vunendlich)	vv
9	1000000.000000	[-]	RE, Reynoldszahl	RE
0	18.434947	[°]	Pfeilungswinkel Tragflügel (bugseitig)	beta_b
1	1.500000	[-]	Schlankheitsgrad Tragflügel (Aspect Ratio)	AspR
2	0.006144	[m2]	Tragflügelflaeche lateral (radial)	A_LAT
3	0.012288	[m2]	Tragflügelflaeche benetzt (radial)	A_BEN
4	0.000461	[m2]	Tragflügelflaeche projeziert (axial)	A_PRJ
5	0.007333	[m]	x-Druckmittelpunkt auf Tragflügel (radial)Null=x0	PsX
6	0.044000	[m]	y-Druckmittelpunkt auf Tragflügel (radial)Null=y0	PsY
7	8.000000	[°]	Winkel der Anströmrichtung, Stallwinkel	aS
8	8.000000	[ms-1]	v-unendlich resultieren geg. Profilseele	vreu
9	-1.164000	[ms-1]	v-unendlich x-Komponente.	vxue
0	7.914866	[ms-1]	v-unendlich y-Komponente.	vyue
1	1.285000	[-]	Lift-Koeffi (aus Analyse NACA)	c_LIFT
2	0.014730	[-]	Form-Koeffi (aus Analyse NACA)	c_DRAG
3	0.004669	[-]	Reibungs-Koeffi (NACA)	c_FRIC
4	0.350401	[-]	induziert-wi-Koeffi (NACA)	c_INDU
5	0.493440	[m2s-1]	Zirkulation am Fluegel-Tip	vortty
6	252.135997	[N]	**Liftkraft**	K_LIFT
7	0.216768	[N]	Form-Wi-Kraft	K_DRAG
8	1.832287	[N]	Reib-Wi-Kraft	K_FRIC
9	68.753815	[N]	induzierte Wi-Kraft	K_INDU
0	70.802870	[N]	**totale Wi-Kraft**	K_SUMM
1	261.888540	**[N]**	**resultierende ManoevevierKraft**	**K_RES**
2	74.314601	[°]	Kraftrichtung(Manoever); Null = achteraus	gama_Kres
3	2017.087980	**[W]**	**LiftLeistung**	**P_LIFT**
4	1.734146	[W]	Form-Wi-Leistung	P_DRAG
5	14.658294	[W]	Reib-Wi-Leistung	P_FRIC
6	550.030521	[W]	induzierte Wi-Leistung	P_INDU
7	566.422962	**[W]**	**totale Widerstands-Leistung**	**P_SUMM**
8	2095.108324	**[W]**	**resultierende ManoeverierLeistung**	**P_RES**
9	74.314601	[°]	Leistungsrichtung(Manoever); Null = achteraus	gama_Pres

Analysedaten für eine Laborfinne mit dem Programm LABFin (V1.1.)

Berechnungs- und Messdaten			LABFin[100][6][120][60][NACA5306]	
INDEX	**Wert**	**Dim**	**Beschreibung**	**inProgm.**
1	0.080000	[m]	t Standard-Profil-Konturtiefe Wurzel (setting)	t
2	0.096000	[-]	a Tragflügellänge (setting)	a
3	0.048000	[-]	b Profil-Konturtiefe Tip (setting)	b
4	0.004800	[m]	D Profil-Dicke Wurzel (NACA-Spezifikation)	d
5	1.285000	[-]	CL Liftbeiwert aus Analyse NACA	CL
6	0.014730	[-]	CW Widerstandsbeiwert aus Analyse NACA	CW
7	7.000000	[°]	Stallwinkel aus Analyse NACA	aS
8	10.000000	[m s-1]	Basis-Geschwindigkeit (Vunendlich)	vv
9	1000000.000000	[-]	RE, Reynoldszahl	RE
0	18.434947	[°]	Pfeilungswinkel Tragflügel (bugseitig)	beta_b
1	1.500000	[-]	Schlankheitsgrad Tragflügel (Aspect Ratio)	AspR
2	0.006144	[m2]	Tragflügelflaeche lateral (radial)	A_LAT
3	0.012288	[m2]	Tragflügelflaeche benetzt (radial)	A_BEN
4	0.000461	[m2]	Tragflügelflaeche projeziert (axial)	A_PRJ
5	0.007333	[m]	x-Druckmittelpunkt auf Tragflügel (radial)Null=x0	PsX
6	0.044000	[m]	y-Druckmittelpunkt auf Tragflügel (radial)Null=y0	PsY
7	8.000000	[°]	Winkel der Anströmrichtung, Stallwinkel	aS
8	10.000000	[ms-1]	v-unendlich resultieren geg. Profilseele	vreu
9	-1.455000	[ms-1]	v-unendlich x-Komponente.	vxue
0	9.893582	[ms-1]	v-unendlich y-Komponente.	vyue
1	1.285000	[-]	Lift-Koeffi (aus Analyse NACA)	c_LIFT
2	0.014730	[-]	Form-Koeffi (aus Analyse NACA)	c_DRAG
3	0.004669	[-]	Reibungs-Koeffi (NACA)	c_FRIC
4	0.350401	[-]	induziert-wi-Koeffi (NACA)	c_INDU
5	0.616800	[m2s-1]	Zirkulation am Fluegel-Tip	vortty
6	393.962496	[N]	**Liftkraft**	K_LIFT
7	0.338700	[N]	Form-Wi-Kraft	K_DRAG
8	2.862948	[N]	Reib-Wi-Kraft	K_FRIC
9	107.427836	[N]	induzierte Wi-Kraft	K_INDU
0	110.629485	[N]	**totale Wi-Kraft**	K_SUMM
1	409.200845	**[N]**	**resultierende ManoeverierKraft**	**K_RES**
2	74.314601	[°]	Kraftrichtung(Manoever); Null = achteraus	gama_Kres
3	3939.624960	**[W]**	**LiftLeistung**	**P_LIFT**
4	3.387004	[W]	Form-Wi-Leistung	P_DRAG
5	28.629481	[W]	Reib-Wi-Leistung	P_FRIC
6	1074.278362	[W]	induzierte Wi-Leistung	P_INDU
7	1106.294847	**[W]**	**totale Widerstands-Leistung**	**P_SUMM**
8	4092.008445	**[W]**	**resultierende ManoeverierLeistung**	**P_RES**
9	74.314601	[°]	Leistungsrichtung(Manoever); Null = achteraus	gama_Pres